ÉTUDES

SUR LA

COMPOSITION D'UN PROGRAMME

DE

DESSIN LINÉAIRE,

Par Eug. BAILBY,

Professeur de Dessin linéaire au Lycée de Bordeaux, aux Cours publics de la Société Philomathique et à l'École Normale primaire du département de la Gironde.

BORDEAUX,

IMPRIMERIE DE TH. LAFARGUE, LIBRAIRE,

RUE PUITS DE BAGNE-CAP, 8.

1848.

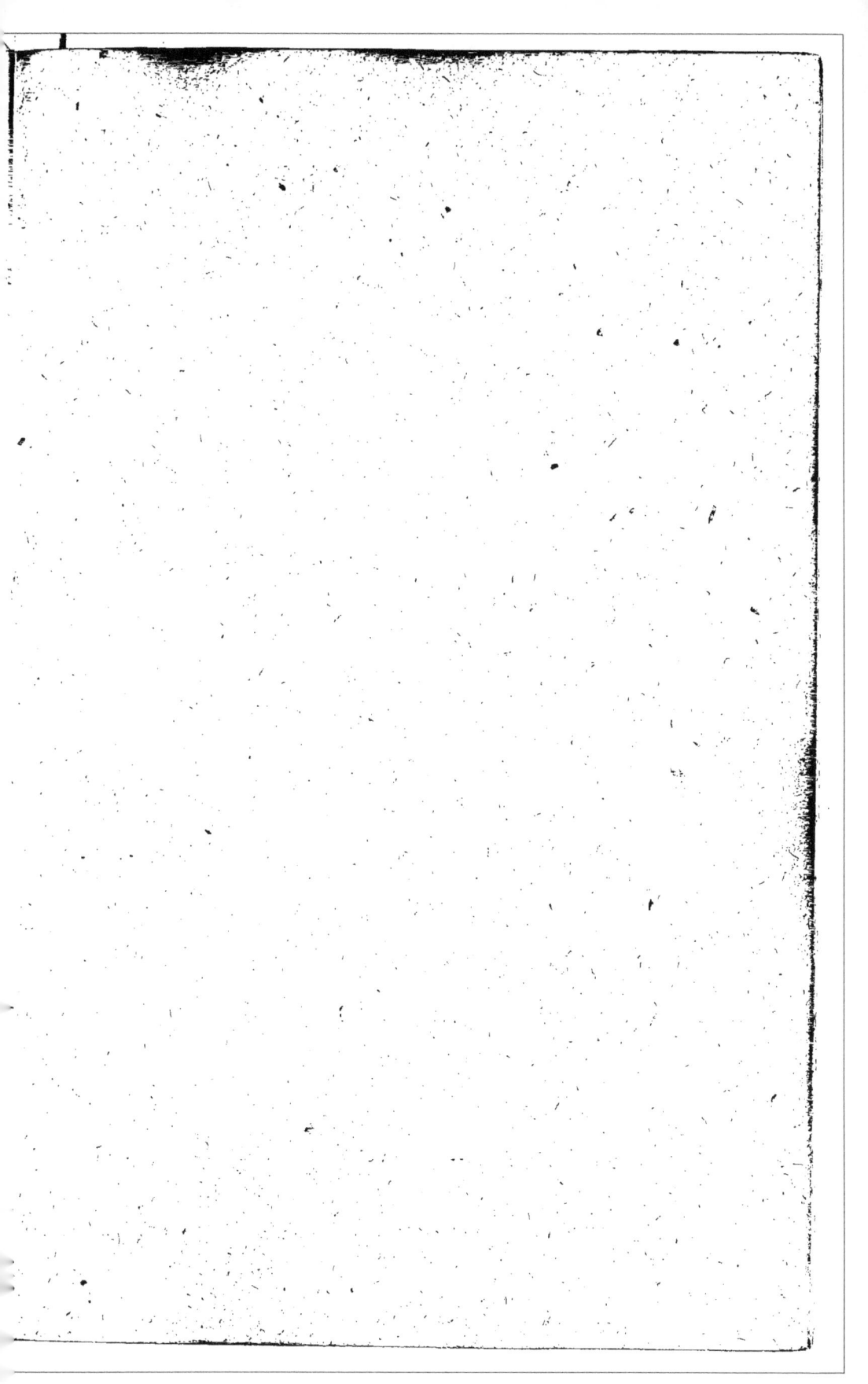

ÉTUDES

SUR LA

COMPOSITION D'UN PROGRAMME

DE

DESSIN LINÉAIRE.

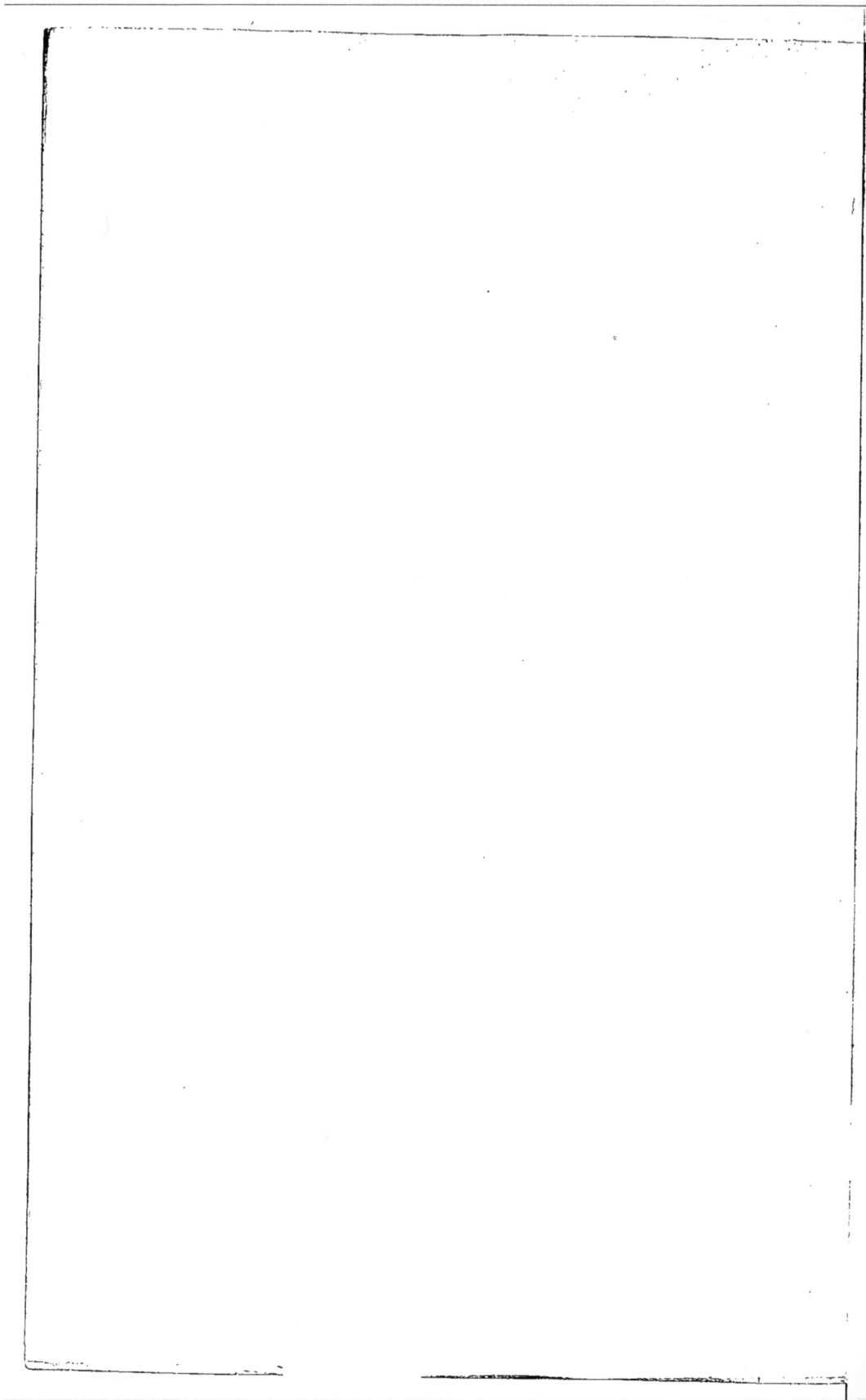

ÉTUDES

SUR

LA COMPOSITION

d'un

PROGRAMME

DE DESSIN LINÉAIRE ;

Par Eug. BAILBY,

Professeur de Dessin linéaire au Lycée de Bordeaux, aux Cours publics de la Société Philomathique, et à l'École Normale primaire du département de la Gironde.

BORDEAUX,

IMPRIMERIE DE TH. LAFARGUE, LIBRAIRE,

RUE PUITS DE BAGNE-CAP, 8.

1848

ÉTUDES

SUR LA

COMPOSITION D'UN PROGRAMME

DE DESSIN LINÉAIRE.

L'art qui a pour but spécial l'imitation des figures et des sites naturels, est le DESSIN ARTISTIQUE OU PITTORESQUE ; celui qui s'exerce plus particulièrement sur l'architecture et sur les machines, est le DESSIN INDUSTRIEL OU LINÉAIRE. Le premier est destiné à représenter ce qui existe dans la nature, et le second à reproduire les objets de création humaine. *

Le DESSIN LINÉAIRE embrasse deux séries de connaissances. L'une d'elles se rapporte à l'exécution matérielle de l'art, c'est-à-dire à la sûreté du coup-d'œil aussi bien qu'à l'habileté de la main, soit pour le dessin à main levée, soit pour l'emploi des instruments de précision. L'autre a trait tant à la géométrie élémentaire dans ses rapports avec la construc-

---

* Nous plaçons pourtant la topographie dans le *dessin linéaire*, et nous considérons le dessin d'après les statues comme faisant partie du *dessin pittoresque*. La raison de ce classement est que le dessin d'après les statues et autres sujets de sculpture analogues, n'est qu'une reproduction secondaire des objets naturels, tandis que la topographie est moins une représentation pittoresque des lieux, qu'une sorte d'écriture conventionnelle.

tion des figures géométriques, qu'à la géométrie descriptive pour les projections géométrales, les projections perspectives et la distribution des ombres d'un dessin. D'une part, on le voit, c'est l'exécution ; de l'autre, le raisonnement. Est-ce tout ? Il faut aussi savoir appliquer à l'architecture, à la mécanique, etc., cette théorie et cette pratique. Évidemment, ce n'est que par l'habitude des applications que l'élève peut acquérir de la facilité et connaître une foule de petits moyens d'exécution qui, sans doute, ne contribuent pas autant qu'on le croit généralement à former un dessinateur, mais qui n'en offrent pas moins une utilité réelle.

Dans l'organisation d'un cours complet de DESSIN INDUSTRIEL, il convient donc de faire entrer quelques généralités des arts qui en ressortent. Non sans doute, et nous devons le faire remarquer, que l'architecture, la mécanique, la topographie et autres arts analogues soient précisément ce qui constitue ce genre de dessin ; mais ils en sont le complément par des applications immédiates.

Un cours doit donc comprendre ces trois éléments :
La spéculation,
L'exécution,
L'application.

Nous verrons plus tard dans un programme détaillé, l'ordre auquel les diverses matières qui entrent dans chacune de ces trois grandes divisions, doivent être soumises.

Mais, nous demandera-t-on ici, comment se diriger dans le choix des modèles ? Quelle doit être la manière de les étudier ?

Le DESSIN LINÉAIRE étant surtout appelé à reproduire exactement, non-seulement les projections géométrales des monuments et des machines mais encore leurs détails d'exécution et leurs projections perspectives ; ne conviendrait-il pas d'étudier ce dessin d'après les objets mêmes qu'on doit s'habituer à représenter, ou serait-il plus utile de s'appliquer de préférence aux modèles déjà dessinés par des maîtres?[*] Et encore, de cela même que le DESSIN LINÉAIRE doit, autant que possible pour plus de précision dans le résultat, être exécuté avec les instruments qu'on a inventés à cet effet, s'en suit-il qu'on ne doive l'étudier qu'à l'aide de ces mêmes instruments?

Ces deux questions résolues de différentes manières donnent lieu aux quatre combinaisons suivantes :

1.re Dessin à main levée d'après nature ;

2mo Dessin à main levée d'après des modèles ;

3me Dessin au compas d'après nature ;

4me Dessin au compas d'après des modèles.

L'étude du DESSIN LINÉAIRE faite à main libre d'après nature, par exclusion des autres modes, a ses partisans ; c'est notre première combinaison. La même étude, faite à la règle et au compas, d'après des modèles gravés ou dessinés, a aussi les siens ; c'est la quatrième combinaison. Nous ne nous prononcerons pas aussi exclusivement. Non pas que nous nous proposions le but unique de trouver un moyen terme de conciliation entre ces deux systèmes ; nous voulons surtout arriver à rendre l'étude de l'art qui nous occupe plus féconde, familiariser l'élève avec les objets naturels et l'exercer à la fois à la pratique des instruments et au dessin à main levée. D'ailleurs,

---

[*] L'art du dessin consiste dans la représentation des objets matériels, c'est donc dans ces mêmes objets qu'on doit choisir ses modèles. L'expérience a pourtant appris que la vue d'un dessin bien fait, peut révéler à l'élève des choses qu'il n'est pas encore apte à saisir dans la nature.

On a abusé de l'emploi des modèles dessinés ou imprimés ; ce n'est pas une raison de nier l'efficacité de leur secours et de tomber dans un excès contraire : et, non-seulement il faut dans beaucoup de cas mettre sous les yeux de l'élève un dessin déjà fait pour l'initier à l'art de voir et de reproduire les effets naturels, mais il est même parfois nécessaire que les modèles soient exécutés par les maîtres devant les élèves.

plusieurs de nos devanciers ont préféré et quelques-uns de nos
collègues préfèrent l'enseignement général des quatre combinaisons[*]. C'est plus qu'il n'en faut pour nous déterminer
à adopter cette dernière méthode, qu'on appelle *méthode mixte*
mais qui serait mieux nommée *méthode complexe.*

Il n'est peut-être pas sans intérêt, pour notre sujet, de
jeter un coup-d'œil sur les arts aux diverses époques et à les
comparer avec la marche générale de la civilisation. Un retour
vers le passé, en rappelant l'origine et l'histoire du DESSIN
LINÉAIRE, pourra fournir quelques renseignements propres à
confirmer notre opinion sur la nécessité d'étudier les différents moyens d'exécution d'après les différentes sortes de
modèles.

Les arts d'imitation eurent un berceau commun, et les
hommes qui les premiers essayèrent de reproduire les traits des
personnes aimées ou de transmettre à la postérité le souvenir
des grandes actions durent employer toutes sortes de moyens
pour arriver à ce résultat. Les sculpteurs durent précéder
les peintres, car avant de chercher à imiter les objets sur des
surfaces planes, il était plus naturel qu'on cherchât d'abord à
les imiter en relief. L'argile, le bois, la pierre furent primitivement employés. Dans la suite, l'art se perfectionnant, ne se
contenta plus d'une imitation qui ne rendait que les formes.
La statuaire polychrôme fut inventée. Les artistes de ces époques étaient donc à la fois peintres et sculpteurs. Ils coloriaient
l'argile de leurs statues ; et, plus tard, lorsqu'ils commencè-

[*] La méthode d'enseignement à suivre pour ceux qui regardent le
dessin linéaire comme la reproduction plus ou moins pittoresque des
objets, ne doit pas être la même que pour ceux qui ne voient dans ce
dessin que le tracé des épures ou qui le définissent comme nous l'avons
fait plus haut. La dissidence des professeurs dans le choix d'une méthode
a donc sa cause dans l'acception que chacun donne au mot *dessin
linéaire.*

rent à façonner la pierre et le marbre, ils en choisirent de plusieurs nuances, afin de rendre plus faciles à distinguer les vêtements et les diverses parties du corps. Un incident particulier amena la découverte de l'art de tracer des silhouettes : on coloria ces esquisses comme auparavant on avait colorié les statues, et l'art du sculpteur et celui du peintre furent divisés.

La peinture ne s'aida plus alors des reliefs naturels, elle représenta sur des surfaces planes et avec le seul secours des couleurs et des ombres tous les sujets qui s'offraient à la pensée. Les contours ondulés en furent dessinés à main libre et les lignes droites furent tracées à l'aide d'une règle. L'art primitif avait eu ses spécialités : la peinture fournit aussi les siennes, et bien que quelques hommes, notamment Michel-Ange et le Poussin, aient excellé dans plusieurs genres, il y avait eu, longtemps avant ces artistes célèbres, des peintres de figures et des peintres de paysages. Aux architectes, qui étaient en même temps géomètres, appartenait le soin de dessiner ce qui s'exécutait avec le secours des instruments, et ce dernier genre de dessin était le DESSIN LINÉAIRE.

Quel a dû être son rôle dans les diverses phases de progrès et de décadence de l'architecture? Sans pousser les recherches sur l'architecture jusqu'à l'époque où les hommes habitèrent les cavernes naturelles et en creusèrent de nouvelles dans le flanc des montagnes ; sans remonter aux temps antédiluviens dont les murs cyclopéens attestent la trace d'une première et forte race de géants, il faut pourtant se reporter par la pensée jusqu'aux jours reculés où vécurent les Ptolémée et les Sésostris, afin de comparer l'architecture massive des restes de Thèbes, de Ninive et de Babylone avec celle, déjà plus élégante, dont on retrouve encore quelques vestiges dans les ruines de Balbeck et de Palmyre. La régularité froide et compassée de l'architecture égyptienne, digne inspiration du Génie des tombeaux, témoigne de la sévérité dans les mœurs et les habitudes de ses auteurs. Le choix des ornements de l'architecture indienne indique, au contraire, une pensée plus délicate et beaucoup plus portée vers la grâce de l'ornementation que vers la gravité des formes. L'une était l'œuvre d'artistes habitués à dessiner à main libre, l'autre était l'œuvre d'artistes habitués à tout aligner, à tout mesurer.

La civilisation des peuples du Péloponèse leur est venue de l'Égypte. Il n'est pas étonnant, dès-lors, de retrouver dans l'architecture grecque des premiers temps, une partie des caractères qui distinguent l'architecture égyptienne. Ce rapprochement est surtout apparent entre l'ordre qu'on nomme *dorique grec*, et celui qui décorait la plupart des palais de Memphis et de Thèbes; dans l'un comme dans l'autre, les colonnes sont courtes et sans base, et l'on retrouve encore la même sévérité dans le plan des édifices et la même simplicité dans les moulures. Le Parthénon, ou temple de Minerve, et les Propylées d'Athènes, élevés dans le siècle de Périclès, étaient les types les plus purs du dorique grec [*]; Ictinus et Mnésiclés en furent les architectes.

L'art grec se transforma peu à peu; les colonnes devinrent plus élancées; on les couronna de feuilles et de fleurons. On raconte qu'un sculpteur athénien, du nom de Callimaque, passant à Corinthe, dessina d'après nature une corbeille, autour de laquelle avaient poussé l'acanthe et l'astragale; ce fut là l'origine de ce chapiteau corinthien dont Callimaque enrichit sa patrie. La coiffure des belles filles de l'Ionie donna l'idée des

---

[*] Ces monuments, dont la conservation était remarquable, furent en partie détruits par une flotte vénitienne qui les bombarda vers la fin du XVII.me siècle. Séduits d'une admiration excessive et peu réfléchie, les touristes qui les ont visités depuis ont continué l'œuvre de destruction ; c'est à qui rapportera dans sa patrie un plus riche lambeau des magnifiques bas-reliefs du temple de Minerve.

volutes du chapiteau ionique. L'Ordre ionique fut employé à
Éphèse au temple de Diane.

De même que les Grecs avaient emprunté beaucoup aux
Égyptiens, les Romains, à leur tour, empruntèrent aux Grecs :
les anciens édifices de Rome en sont la preuve irrécusable.

Vitruve qui florissait sous le règne d'Auguste, dédia à cet
empereur un grand ouvrage sur l'architecture. Titus, Trajan,
Adrien protégèrent aussi les beaux-arts. L'architecture romaine
avait déjà depuis longtemps des caractères particuliers qui la
faisaient distinguer de l'architecture grecque.

On ne sait, au juste, à quelle époque les Romains inventè-
rent les arcades, mais on sait que l'art de construire des voûtes
était fort ancien parmi eux ; les Cloaques ou acqueducs, bâtis
sous Lucius Tarquin, présentent dans presque toute leur éten-
due, une disposition de trois rangs de voussoirs concentriques.

Les armées romaines avaient apporté partout le goût des
arts ; mais il se dénatura tellement en pénétrant chez les nations
étrangères, que les monuments construits depuis le V.me siècle
ne conservèrent de romain que les arcades en plein-cintre et
l'usage des chapiteaux et des bases. Les ornements romains
disparurent aussi de l'architecture et, à leur · place, on vit
apparaître les *damiers*, les *dents de loup*, les *chevrons brisés*.
et, en général toutes les pièces qui finirent par enrichir le bla-
son des familles nobles. Cette architecture, dans laquelle on
aperçoit les formes mauresques alliées aux formes grecques et
romaines, est appelée *romane* ou *romano-bysantine*. Elle se
rapporte à trois époques distinctes. Dans la première, où elle
se distingue par sa simplicité, elle est connue sous le nom de
romane primordiale ; dans la deuxième, on la nomme *romane
secondaire*, et, dans la troisième, *romane tertiaire*. Cette dernière époque indique le passage du goût romano-byzantin au
goût gothique et, pour cela, son architecture est quelquefois
appelée *romane de transition*.

L'art gothique, semblable à une pensée religieuse qui cherche à s'élancer vers le ciel, arriva avec son cortège d'ogives et de pyramides aigues et fleuries. Il régna du XII.me au XV.me siècle. Il a aussi trois époques : la première est le *gothique à lancettes;* la deuxième, le *gothique rayonnant;* la troisième, le *gothique flamboyant.*

Le gothique à lancettes est issu de la crise amenée par le retour des Croisades : la foi chrétienne l'enfanta. Le rétablissement de la paix ramena en Occident l'étude des sciences exactes, et l'architecture du temps se ressentit de leur influence. A part les *chardons et les choux fleuris* qui furent ses ornements, le gothique à lancettes se dessina plus au compas qu'à main levée. Le gothique rayonnant commença un siècle plus tard, lorsque l'étude de la géométrie avait pris un grand accroissement; aussi ses *roses* et les *dentelles* de ses verrières, semblent-elles être plutôt un jeu capricieux du compas, qu'une recherche vers les lignes ondulées appelées très-judicieusement par Hoghart *lignes de beauté.* Mais après cet excès de symétrie, la réaction devint inévitable. Autant l'esprit des artistes s'était trouvé enchaîné dans ce dédale d'arcs rompus et raccordés, autant il s'en affranchit en créant une nouvelle architecture, le gothique flamboyant. On ne vit alors que des courbes libres, imitant les ondulations d'une flamme. La main traça en liberté les contours les plus bizarres et les plus gracieux; le génie du sculpteur inventa ces *dragons* et ces *monstres étranges* qui menacent encore de vomir sur nous des torrents de feu et qui ne servent, au contraire, qu'à rejeter les eaux loin des parvis de nos vieilles cathédrales.

L'exaltation n'est jamais de longue durée : le gothique flamboyant tomba en disgrâce comme, un siècle auparavant, était tombé le gothique rayonnant. François 1.er fit venir en France des artistes d'Italie; les autres souverains en appelèrent aussi chez eux : il s'agissait d'une régénération complète·

L'Italie avait résisté plus que tout autre nation aux envahissements de l'architecture gothique; aussi Vignole et Serlio apportèrent-ils chez nous les traditions de l'école classique. Ils furent néanmoins obligés, pour ne pas trop froisser les idées reçues, d'entremêler à leur architecture quelques caractères de celle qu'ils venaient détruire. L'art du dessin eut une grande influence à cette époque qui devait être la transition de l'architecture du Moyen-Age à celle de l'antiquité, à laquelle, après bien des essais infructueux, on est enfin revenu. On donne au style des constructions du XVIme siècle, le nom de *style de la Renaissance*.

Vignole rassembla, compara, mesura les beautés de l'architecture romaine, et en forma cet ouvrage complet et si éminemment classique que nous nommons *les Cinq Ordres*. Vignole n'inventa rien de remarquable ; son esprit méthodique prit seulement à tâche de renfermer dans des règles, plus positives que celles de Vitruve, ce qui existait avant lui ; mais il accomplit cette œuvre avec un goût et une sagacité qui ont rendu son nom immortel.

Après Vignole, qui cependant avait posé les principes d'une bonne architecture, l'art déclina ; peut-être moins par le fait des suites de la décadence générale des Romains, que par l'exagération à laquelle se livrèrent les artistes d'Italie lors de l'invasion en ce pays-là du style de la Renaissance. Borromini et ses élèves furent les architectes les plus extravagants de cette période de l'art. Ils entassèrent les colonnes les unes sur les autres et en groupèrent de modules différents ; ils brisèrent les frontons, mirent partout des *coquilles*, des *bustes* et des *guirlandes* ; le tout à profusion. Mais le plus grand nombre de ces mêmes élèves fut ramené dans la bonne voie par l'exemple des artistes restés fidèles à la vieille école.

Contemporain de Borromini, le cavalier Bernin qui faisait fureur à Rome, où il s'abandonnait à toute la fougue de son

imagination quelquefois brillante, fut appelé à Paris, par
Louis XIV. Il lui demandait de fournir des projets pour l'achè-
vement du Louvre. Soit crainte du jugement des siècles, soit
franchise et modestie, Bernin déclara que les projets de l'architecte français Claude Perrault étaient supérieurs à ce qu'il
pourrait faire, et qu'on l'avait fait venir inutilement. Quelques
pressantes que durent être les sollicitations du roi et des cour-
tisans, Bernin qui avait reconnu le talent de Perrault, ne
voulut rien entreprendre en France comme architecte. Nous
n'avons de lui que des sculptures.

Servandoni quitta Florence, sa patrie, et construisit dans
plusieurs royaumes des édifices remarquables. Le portail de
l'église Saint-Sulpice qu'il fit à Paris, en 1753, mit le comble
à sa réputation. Le style du Panthéon, si justement admiré,
est le fruit des études et des inspirations que Soufflot venait de
puiser à l'école italienne.

Nous avons dit que les Romains vainqueurs usèrent partout
de la victoire en obligeant les vaincus à adopter une civilisation toute faite, qui était chez eux le fruit de longs et péni-
bles essais. C'est ainsi que l'architecture classique pénétra
d'abord dans les Gaules. Nous venons de voir par quelles séries de vicissitudes cette architecture s'éloigna de plus en plus
des modèles de l'antiquité. La forme qu'elle revêtait au XVᵐᵉ
siècle, semblait convenir assez aux arts qui servent à l'ornement
intérieur. Mais les monuments, bien qu'ils flattassent l'œil, en
le fatiguant quelquefois, par l'abondance de détails heureux,
perdaient tout caractère de grandeur et de simplicité. La bonne
architecture aux mâles proportions; celle qui rappelait les beaux
siècles de la Grèce et de Rome, disparaissait peu à peu sous la
main du temps.

On sait que pour faire renaître en France les beaux-arts,
François Iᵉʳ s'était servi des célébrités de l'Italie. C'est encore
ce que voulut faire Louis XIV en appelant le cavalier Bernin :

et, si ce dernier reconnut la supériorité de Perrault, nous devons convenir aussi que l'architecte français avait formé son goût et son jugement par l'étude des auteurs anciens et surtout de Vitruve, dont nous lui devons une bonne traduction.

La dépendance dans laquelle nous nous sommes longtemps trouvés à l'égard de l'Italie, a sa cause dans la multiplicité des écoles d'architecture de ce pays-là *, et dans l'excellente direction que les architectes-professeurs donnaient aux études artistiques.

Ce serait sortir du cadre de notre programme, que de nous occuper ici des études architectoniques auxquelles on se livrait dans les écoles italiennes ; aussi, ne considérerons-nous l'architecture que sous le point de vue de l'ordonnance seulement. Dans ces écoles, les épures et les projets ont été de tout temps dessinés à la règle et au compas, et lavés avec soin. Mais à côté de cette étude, il y avait celle de l'ornement faite au charbon ou à la pierre noire dans de grandes dimensions, ainsi que le témoignent les anciens dessins conservés dans plusieurs bibliothèques. Dans la plupart des écoles d'Italie, on trouvait en outre des leçons de perspective, de sculpture et de peinture. Il n'est pas besoin de dire de quelle ressource étaient pour l'architecture ces arts auxiliaires. A part quelques changements peu importants dans l'ordre des études, l'instruction y est la même qu'autrefois. Mais à la gloire ne nos derniers architectes français, nous devons dire que depuis plus d'un demi-siècle, nos écoles n'ont plus rien à envier aux écoles étrangères.

Entre une école de DESSIN LINÉAIRE et une école d'architec-

---

* Rome, Venise, Milan et d'autres villes d'une moindre importance, Florence, Pise, Bologne, etc., possèdent, depuis bien des siècles, des écoles où l'art du dessin est étudié avec succès, tandis qu'en France il n'y avait d'école qu'à Paris, et encore était ce une école incomplète. Les Levau, les Mansart, les Le Mercier ont eu le double mérite d'avoir du talent et d'avoir dirigé leurs études eux-mêmes.

ture, nous remarquons de grands points de ressemblance. La dernière de ces deux écoles fournit à l'autre le sujet de ses applications les plus générales, les plus utiles et les plus nombreuses, et l'on peut dire avec quelque raison qu'une école de DESSIN LINÉAIRE contribue autant qu'une école d'architecture à répandre le goût des belles proportions. En effet, lorsqu'on juge à première vue un projet d'architecture, on n'examine que bien rarement si les conditions de solidité, d'hygiène, d'acoustique, de destination, en un mot, sont remplies; l'on s'occupe encore moins du choix des matériaux et de l'établissement des devis. Ces conditions qui, au point de vue pratique, sont excessivement importantes, restent en dehors du jugement de ceux qui, n'étant pas architectes, ne s'en érigent pas moins en censeurs sévères et souvent judicieux des plans qui leur sont présentés. Ces personnes-là ne jugent que d'après leurs instincts artistiques développés par l'étude du DESSIN LINÉAIRE.

Si on laisse de côté l'architecture pour fouiller dans les annales de la mécanique, il sera facile de voir que la géométrie a fait presque seule les frais de dessin de toutes les inventions qui s'y rattachent. Depuis la *baliste* jusqu'au *canon*; depuis la *vis d'Archimède* jusqu'à l'*hélice de nos bateaux à vapeur;* depuis les *inventions d'Héron d'Alexandrie* jusqu'aux *locomotives;* tout annonce qu'une pensée réfléchie et précise a constamment présidé aux progrès des machines. Le dessin à main libre n'a été d'aucun secours dans la marche de ces progrès; mais le dessin géométral, étudié et exécuté à l'équerre et au compas, est venu quelquefois en aide à l'inventeur, et a toujours été le guide le plus sûr du constructeur intelligent.

D'autres arts, moins importants sans doute que ceux dont nous venons de parler, mais qui servent à la commodité et à l'ornement de nos habitations, tels que l'ébénisterie, la marbrerie, la dorure, etc.. ont été pareillement soumis aux influences qui se sont fait sentir sur l'architecture. L'ébénisterie empreinte du cachet le plus original est celle qui date du gothique flamboyant. On trouve encore dans quelques églises des chefs-d'œuvre d'ébénisterie gothique qui, à l'art de la menuiserie et à l'art de la sculpture sur bois, réunissent l'originalité grande et naïve des penseurs du Moyen-Age.

L'ébénisterie de la Renaissance est recommandable par sa richesse de moulures et par la quantité et le bon choix des ornements qui la distinguent ; mais déjà on commence à remarquer de la roideur dans les lignes générales. La sécheresse de formes des meubles des XVIme et XVIIme siècles tient à l'importation de l'architecture greco-romaine. Les formes architecturales antiques ne conviennent pas à l'ébénisterie : il faut donc prendre ses modèles ailleurs que dans le *Traité des cinq Ordres*. C. Boule, qui naquit en 1642, arriva fort à-propos pour retarder la chute de l'ébénisterie. Personne avant lui n'avait osé lutter contre la mode qui introduisait l'architecture antique dans les formes principales des meubles. Le génie de ses devanciers ne dépassa pas l'incrustation de la nacre et des métaux. Boule n'eut pas de rivaux : il n'eut que des imitateurs. Aussi l'art qu'il avait illustré s'éteignit avec lui. Ce n'est que depuis peu d'années que l'ébénisterie est de nouveau en progrès ; heureusement, cette fois, sa destinée n'est pas attachée à la vie d'un homme, le progrès est un caractère distinctif de l'époque actuelle.

L'importance du dessin exact et du dessin à main levée, ayant été suffisamment démontrée par le rapide exposé qui précède, voyons dans quelles conditions on doit scinder ces deux parties du DESSIN LINÉAIRE.

Lorsque le DESSIN LINÉAIRE est enseigné à des jeunes gens qui se destinent à la carrière des beaux-arts, ou qui, sans vouloir parcourir cette carrière, ont acquis des connaissances en peinture ou en sculpture ; il convient de précipiter un peu la marche des leçons en ce qui concerne le dessin à main libre. Car pourquoi obligerait-on un peintre, un sculpteur à dessiner pendant plusieurs mois d'après nature des solides géométriques, des machines ou des objets usuels, lorsqu'il a déjà acquis l'habitude de voir et qu'il a appris à dessiner correctement à main levée, en étudiant la statuaire antique et le modèle vivant?

Pour former des élèves appelés au professorat ou à des emplois élevés, il est plus essentiel de s'attacher aux principes de la géométrie descriptive rendus faciles par des modèles en nature, qu'à l'exécution brillante ou soignée d'un dessin. Mais lorsqu'il s'agit d'enseigner à des ouvriers qui n'ont ni l'instruction première nécessaire, ni le temps, ni les moyens d'acquérir cette même instruction et qui, du reste, en apprenant le DESSIN LINÉAIRE, n'ont en vue que le perfectionnement de leurs travaux manuels; le professeur ne doit pas leur imposer l'étude du dessin à main libre *. Cette étude leur demanderait plus de temps qu'ils ne peuvent en prendre sur leurs occupations journalières, et ils seraient d'autant plus éloignés de profiter de ce genre de leçons, que la plupart d'entre eux ont la main fatiguée par la pesanteur des outils de leurs professions. On doit leur donner des modèles dessinés représentant les plans et les élévations des objets qui leur sont bien connus, et qu'on mettra sous leurs yeux, en indiquant les rapports qui existent entre les différentes projections d'une même chose; et, puis arriver successivement à leur faire comprendre et dessiner géométralement les plans et les élévations d'objets plus difficiles, en employant toujours les instruments.

Il ne peut donc y avoir une méthode absolue pour enseigner

* Quelques ouvriers font exception à cette règle générale. Ce sont ceux qui par état sont obligés de dessiner, et ceux qui emploient dans leurs travaux des ornements qu'ils se trouvent quelquefois dans la nécessité de raccorder.

le DESSIN LINÉAIRE, il faudrait que chaque élève étudiât avec une méthode particulière adaptée à son intelligence, à son degré d'instruction, au temps qu'il peut consacrer à l'étude, à sa destination, etc. Ainsi, un cours général où seraient reçues toutes sortes de personnes, ne saurait être fait sans nuire aux unes par la suppression de quelques matières ou par la rapidité avec laquelle ces matières seraient traitées ; et, sans nuire aux autres par la lenteur du cours. Les leçons particulières ont l'avantage de permettre au professeur de mieux s'identifier avec les besoins de l'élève. Toutefois le défaut d'émulation qui en résulte et la continuelle présence du maître sur laquelle l'élève s'habitue trop à compter, font, avec raison, préférer un cours de DESSIN LINÉAIRE suivi par vingt élèves au moins, quarante au plus, ayant eu la même instruction préparatoire et se destinant à une même profession ou à des professions analogues. Les paroles prononcées alors par le professeur se gravent plus profondément dans la mémoire, que celles qui sont dites dans l'intimité d'une leçon particulière.

Dans la composition d'un PROGRAMME DE DESSIN LINÉAIRE, on doit donc avoir égard au nombre et à la destination des élèves. Celui que nous présentons est plus que suffisant pour les préparer à l'admission dans les écoles du gouvernement : nous y réunissons ensemble le dessin à main levée et le dessin fait avec les instruments, car nous croyons qu'il est indispensable d'étudier simultanément ces deux modes de reproduire les objets.

Ce programme, qui est destiné à donner aux élèves des idées générales et bien caractérisées du DESSIN INDUSTRIEL dans ses diverses applications, est divisé en onze parties que nous classons dans l'ordre suivant :

1.re — CONSTRUCTIONS GRAPHIQUES ÉLÉMENTAIRES.

Différentes sortes de lignes ; — leurs divisions ; — leurs raccords, etc. — Polygones réguliers. — Polygones irréguliers.

La construction des figures géométriques est sans con_ tredit la base fondamentale du DESSIN LINÉAIRE. Cette étude doit être exécutée à la règle et au compas d'après les démonstrations faites au tableau.

2.me — PROJECTIONS PERSPECTIVES DES SOLIDES GÉOMÉTRIQUES DESSINÉS D'APRÈS NATURE.

Prismes. — Cylindres. — Pyramides. — Cônes. — Sphère· — Polyèdres réguliers. — Polyèdres irréguliers. — Solides en pénétration, etc.

Ces corps dessinés en croquis, à main libre, d'après nature, initient l'élève aux effets naturels de la perspective; tandis que leurs ombres indiquées à l'encre de la Chine, enseignent le modelé au lavis et préparent l'élève à l'intelligence du clair-obscur.

3.me — PROJECTIONS GÉOMÉTRALES DES SOLIDES GÉOMÉTRIQUES.

Corps réguliers. — Corps irréguliers. — Corps symétriques. — Corps ronds. — Pénétrations, etc.

Les dessins de ces corps seront exécutés à la règle et au compas, d'après nature et d'après les démonstrations faites sur le tableau.

4.mo — ORNEMENT.

Principes de l'ornement et explication de ses analogies. — Ornements classiques. — Ornements gothiques. — Ornements renaissance. — Ornements de fantaisie. — Composition de l'ornement.

L'étude à main libre des ornements des différents styles, contribue à développer le goût et habitue l'œil et la main à la délicatesse des contours. L'ornement se dessine d'après des modèles sculptés et d'après des modèles gravés ou dessinés.

5.ᵐᵉ — ARCHITECTURE.

Principes. — Les cinq Ordres de Vignole. — Architecture gothique. — Architecture civile contemporaine.

L'architecture se dessine à l'échelle de proportion, soit d'après nature, soit d'après des modèles gravés ou dessinés sur lesquels les cotes sont écrites. Pour rendre l'architecture avec exactitude, il est indispensable d'employer les instruments en usage, tels que compas, règles, tire-lignes, etc.; mais pour en faire le croquis, la justesse d'un œil exercé doit suffire.

6.ᵐᵉ — STÉRÉOTOMIE.

Principes.— Arcades.— Voûtes.— Trompes. — Escaliers.

Les études de stéréotomie seront exécutées à main levée d'après le tableau ou d'après nature; mais des épures seront faites, assez fréquemment, à la règle et au compas.

7.ᵐᵉ — MACHINES.

Principes. — Balanciers. — Engrenages. — Machines simples, — Machines composées.

Les croquis des machines se dessinent à main libre d'après des modèles naturels. Cependant, les épures doivent être faites, avec beaucoup de précision, à l'aide des instruments, soit d'après nature, soit d'après des dessins cotés.

8.ᵐᵉ — TOPOGRAPHIE.

Signes conventionnels et leurs applications. — Teintes conventionnelles et leurs applications.

Les dessins seront exécutés en partie à main levée et en partie avec les instruments : Le lavis sera fait tantôt à teintes plates, tantôt à teintes fondues. On se servira de modèles dessinés ou gravés et de croquis relevés sur le terrain et cotés à l'échelle.

9.me — Perspective.

Principes de perspective linéaire. — Projections des lignes. — Projections des surfaces. — Projections des solides. — Notions de Catoptrique.

Les dessins de perspective se tracent à la règle et au compas d'après des problêmes donnés à résoudre.

10.me — Clair-obscur.

Principes. — Projections des ombres géométrales. — Projections des ombres perspectives à foyers terrestres. — Projections des ombres perspectives à foyers célestes. — Projections des ombres à foyers multiples. — Lumière réfléchie.

Le clair-obscur se trace à la règle et au compas d'après des problêmes proposés : les ombres doivent être lavées à teintes plates.

11.me — Applications diverses de la Perspective et du Clair-obscur.

Application rigoureuse aux solides géométriques. — Application à l'architecture. — Application aux machines. — Application à différents arts industriels.

Cette partie du dessin linéaire est le complément de l'art de reproduire exactement tous les objets sous tous les aspects possibles, avec les modifications apportées à leurs formes apparentes par l'éloignement et la position de ces mêmes objets, et avec les effets d'ombre et de lumière selon le nombre, la nature et la position des foyers lumineux. Les lignes de ce genre de dessin seront tracées avec précision, et les ombres seront lavées à l'encre de la Chine.

Ce cours, à trois leçons par semaine, peut durer environ trois années ; il a pour objet, nous l'avons déjà dit plus haut, de donner à l'élève des idées générales sur tout ce que comporte le DESSIN LINÉAIRE. Mais nous ne nous proposons pas ici de lui enseigner dans tous ses détails telle ou telle partie du programme, dont la connaissance importerait le plus à sa vocation ; cette instruction particulière devra être l'objet de ses études ultérieures.

Le programme d'un cours à l'usage des ouvriers doit être établi sur d'autres bases : il ne doit contenir de celui-ci que ce qui leur est absolument nécessaire ; mais aussi il importe que les parties du DESSIN LINÉAIRE qui se rattachent plus directement à leurs professions, y soient plus développées.

BORDEAUX. — IMPRIMERIE DE TH. LAFARGUE, LIBRAIRE,
Rue Puits de Bagne-Cap, 8.

6

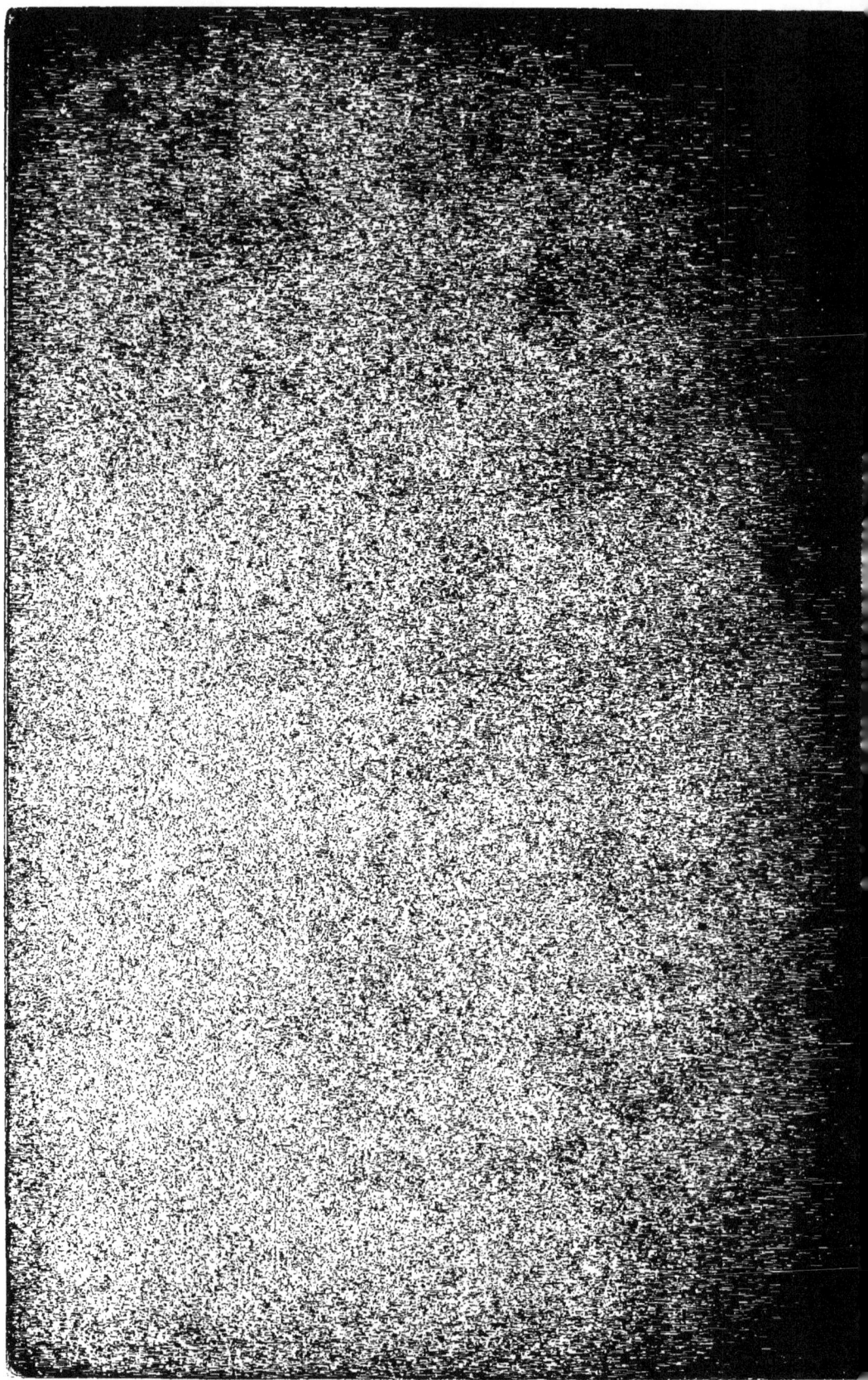

www.ingramcontent.com/pod-product-compliance
Lightning Source LLC
Chambersburg PA
CBHW060500200326
41520CB00017B/4865